Jenseits der Vergangenheit

Ein Leitfaden für emotionale Freiheit und dauerhaftes Glück

Wolfgang Frey

Haftungsausschluss

Copyright © 2024 bei Wolfgang Frey
Alle Rechte vorbehalten. Kein Teil dieser Veröffentlichung darf ohne schriftliche Genehmigung des Herausgebers in irgendeiner Form oder mit irgendwelchen Mitteln, sei es elektronisch, mechanisch, durch Fotokopieren, Aufzeichnen, Scannen oder auf andere Weise, reproduziert, gespeichert oder übertragen werden. Es ist illegal, dieses Buch ohne Genehmigung zu kopieren, auf einer Website zu veröffentlichen oder auf andere Weise zu verbreiten.

Wolfgang Frey macht das moralische Recht geltend, als Autoren dieses Buches identifiziert zu werden.

Inhaltsverzeichnis

Einführung

Kapitel 1: Das Gewicht der Vergangenheit verstehen

Kapitel 2: Die Kraft der Akzeptanz und Vergebung

Kapitel 3: Eine zukunftsorientierte Denkweise kultivieren

Kapitel 4: Aufbau emotionaler Belastbarkeit und Selbstmitgefühl

Kapitel 5: Erstellen Sie Ihren Weg zum dauerhaften Glück

Abschluss

Einführung

Unser Leben ist von Erfahrungen geprägt – sowohl guten als auch schlechten. Manche Erinnerungen erheben uns, während andere uns belasten. Viele von uns tragen ungelöste Emotionen, Bedauern und Enttäuschungen in sich und lassen unwissentlich zu, dass diese Lasten aus der Vergangenheit uns davon abhalten, die Gegenwart und die Zukunft anzunehmen. Das Gewicht nicht verheilter Wunden – sei es durch Beziehungen, Misserfolge oder verpasste Gelegenheiten – äußert sich oft in Angst, Wut, Traurigkeit oder Furcht. Mit der Zeit schränkt dieser emotionale Ballast unsere Fähigkeit ein, wahres Glück und Frieden zu erfahren. Dieses Buch „Jenseits der Vergangenheit: Ein Leitfaden für emotionale Freiheit und dauerhaftes Glück" ist eine Reise zum Loslassen, zur Heilung und zur Wiedergewinnung von Freude.

Das Bedürfnis loszulassen

Warum ist es so schwer, die Vergangenheit loszulassen? Der Geist hat die Angewohnheit, an schmerzhaften Erinnerungen festzuhalten und sie wie eine kaputte Schallplatte abzuspielen. Wir erinnern uns an Momente, in denen wir verletzt, missverstanden oder versagt wurden, und glauben, dass wir, wenn wir lange genug darüber nachdenken, vielleicht ändern, was passiert ist – oder ihm zumindest einen Sinn geben. Doch die Vergangenheit ist unbeweglich, wie ein in der Zeit gemeißelter Stein. Und je mehr wir uns auf das konzentrieren, was bereits vergangen ist, desto weniger Raum bleibt uns für Wachstum, Freude und Erfüllung. Beim Loslassen geht es nicht darum, Erinnerungen zu löschen oder so zu tun, als hätte der Schmerz nie existiert. Stattdessen geht es darum, Frieden mit dem zu schließen, was wir nicht ändern können, und den Mut zu finden, voranzukommen.

Das Herzstück der emotionalen Freiheit ist der Akt der Akzeptanz. Loslassen bedeutet nicht, die Realität dessen, was Sie verletzt hat, zu leugnen, sondern es anzuerkennen, ohne zuzulassen, dass es Sie definiert. Es geht darum, zu lernen, mit Erinnerungen als Teil der Geschichte zu leben – nicht als ganze Geschichte. Dieses Buch bietet praktische Einblicke und Strategien, die Ihnen helfen, die emotionalen Belastungen loszulassen, die Ihnen nicht mehr dienen. Es zeigt Ihnen, wie Sie Schmerz in Stärke, Rückschläge in Lektionen und Bedauern in Chancen für persönliches Wachstum verwandeln.

Emotionale Freiheit: Was bedeutet das?

Emotionale Freiheit ist die Fähigkeit, Emotionen zu empfinden, ohne von ihnen kontrolliert zu werden. Es bedeutet, die gesamte Bandbreite menschlicher Emotionen zu erleben – Freude, Traurigkeit, Wut, Angst – und gleichzeitig im gegenwärtigen Moment geerdet zu bleiben. Wenn wir emotionale Freiheit erlangen, reagieren wir nicht mehr impulsiv auf alte Auslöser oder verweilen übermäßig bei dem, was hätte sein können. Stattdessen pflegen wir eine Denkweise der Achtsamkeit, des Selbstmitgefühls und der Belastbarkeit.

Glück ist nicht die Abwesenheit von Herausforderungen, sondern die Fähigkeit, die Höhen und Tiefen des Lebens mit Anmut und Klarheit zu meistern. Wahres Glück erfordert innere Arbeit: Loslassen, was uns bindet, anderen und uns selbst vergeben und Gewohnheiten pflegen, die das Wohlbefinden fördern. Dieser Prozess verläuft schrittweise, aber jeder kleine Schritt zum Loslassen führt zu größerer emotionaler Freiheit und einem tieferen Gefühl der Freude.

Warum emotionale Freiheit wichtig ist

Stellen Sie sich vor, wie sich Ihr Leben verändern würde, wenn Sie vergangene Verletzungen und Enttäuschungen loslassen könnten. Stellen Sie sich vor, Sie wachen jeden Tag ohne das schwere Gefühl ungelöster Emotionen auf. Was wäre, wenn Sie ohne Angst vor Versagen, Scham oder Bedauern leben könnten? Emotionale Freiheit ist der Schlüssel zu dieser Transformation. Es ermöglicht uns, gesündere Beziehungen aufzubauen, neue Möglichkeiten zu verfolgen und die Gegenwart in vollen Zügen zu genießen, ohne dass der Schatten der Vergangenheit über uns schwebt.

Loslassen verbessert auch unsere geistige und körperliche Gesundheit. Studien zeigen, dass das Festhalten an emotionalem Schmerz zu chronischem Stress, Angstzuständen und sogar körperlichen Beschwerden wie Herzerkrankungen und Müdigkeit führen kann. Umgekehrt erleben diejenigen, die lernen zu vergeben, Groll loszulassen und Dankbarkeit zu üben, oft ein verbessertes Wohlbefinden und eine stärkere Widerstandskraft angesichts von Widrigkeiten.

Aber bei emotionaler Freiheit geht es nicht nur darum, uns selbst zu heilen; Es geht darum, einen Welleneffekt zu erzeugen, der jeden Aspekt unseres Lebens berührt. Wenn wir uns von emotionalem Ballast befreien, werden wir für diejenigen, die wir lieben, präsenter. Wir sind geduldiger, mitfühlender und offener für neue Erfahrungen. Emotionale Freiheit ermöglicht es uns, vollkommen lebendig zu sein und jeden Moment zu zählen.

Was Ihnen dieses Buch beibringen wird

Dieses Buch ist so strukturiert, dass es Ihnen hilft, vom Verständnis der emotionalen Freiheit bis zur Integration in Ihren Alltag voranzukommen. Jedes Kapitel bietet praktische Hilfsmittel, Reflexionsübungen und Beispiele aus der Praxis, die Sie auf Ihrer Reise begleiten. Sie lernen, die Emotionen und Gedanken zu erkennen, die Sie festhalten, wie Sie negative Erfahrungen neu formulieren und wie Sie eine Denkweise entwickeln, die das Glück fördert.

- **Emotionalen Ballast erkennen:** Bevor wir loslassen können, müssen wir die Gedanken, Emotionen und Verhaltensweisen identifizieren, die uns an die Vergangenheit binden. Dieses Buch wird Ihnen helfen, verborgene Überzeugungen und Muster aufzudecken, die Sie möglicherweise zurückhalten.

- **Vergeben lernen:** Vergebung – sowohl gegenüber anderen als auch gegenüber sich selbst – ist ein wesentlicher Schritt in Richtung emotionaler Freiheit. Vergeben bedeutet nicht, schädliches Verhalten zu entschuldigen, sondern sich dafür zu entscheiden, nicht zuzulassen, dass Ressentiments Ihr Leben bestimmen.

- **Selbstmitgefühl kultivieren:** Viele von uns sind unsere schärfsten Kritiker. Dieses Buch zeigt Ihnen, wie Sie Selbstverurteilung durch Freundlichkeit und Verständnis ersetzen und so eine positivere Beziehung zu sich selbst fördern können.

- **Achtsamkeit üben:** Achtsamkeit lehrt uns, im gegenwärtigen Moment völlig präsent und engagiert zu sein. Sie lernen Techniken, um auf dem Boden zu bleiben, mit schwierigen Emotionen umzugehen und das Grübeln loszulassen.

- **Resilienz aufbauen:** Das Leben wird immer Herausforderungen bereithalten, aber die emotionale Freiheit ermöglicht es uns, ihnen mutig zu begegnen. Sie werden entdecken, wie Sie Widerstandskraft entwickeln und den inneren Frieden bewahren können, egal, was das Leben Ihnen in den Weg stellt.

- **Mit Hoffnung in die Zukunft blicken:** Sobald Sie die Vergangenheit losgelassen haben, ist es an der Zeit, hoffnungsvoll nach vorne zu blicken. Sie lernen, wie Sie sich sinnvolle Ziele setzen, Ihren Leidenschaften nachgehen und ein Leben gestalten, das Ihren Werten entspricht.

Jedes Kapitel bietet umsetzbare Schritte, die Ihnen helfen, diese Konzepte in Ihrem Leben umzusetzen. Sie müssen nicht über Nacht drastische Änderungen vornehmen; Stattdessen ermutigt dieses Buch zu kleinen, konsequenten Maßnahmen, die zu einer dauerhaften Transformation führen.

Jetzt beginnt ein neues Kapitel

Das Lesen dieses Buches ist ein Akt der Selbstfürsorge und Selbstbestimmung. Indem Sie sich für diese Reise entscheiden, gehen Sie eine Verpflichtung gegenüber sich selbst ein: eine Verpflichtung, die Lasten der Vergangenheit loszulassen, Ihre emotionale Freiheit zurückzugewinnen und das Glück zu suchen, das Sie verdienen. Es mag kein einfacher Weg sein – Loslassen erfordert Anstrengung, Geduld und Selbstreflexion –, aber die Belohnung ist unermesslich. Stellen Sie sich ein Leben vor, in dem Sie nicht mehr durch das definiert werden, was Ihnen passiert ist, sondern durch die Art und Weise, wie Sie vorankommen.

Auf den Seiten dieses Buches lade ich Sie ein, Ihre Gefühle mit Neugier und Mitgefühl zu erkunden. Geben Sie sich die Erlaubnis, tief zu fühlen, in Ihrem eigenen Tempo zu heilen und die Schönheit der Unvollkommenheit anzunehmen. Dies ist Ihre Reise und es gibt keinen richtigen oder falschen Weg. Vertrauen Sie darauf, dass jeder Schritt vorwärts, egal wie klein, Sie emotionaler Freiheit und dauerhaftem Glück näher bringt.

Denken Sie daran, dass die Vergangenheit ein Kapitel Ihrer Geschichte ist – nicht das ganze Buch. Das nächste Kapitel liegt bei Ihnen. Egal, ob Sie Herzschmerz heilen, Reue überwinden oder einfach nur Freude wiederentdecken möchten, dieses Buch wird Ihnen als Leitfaden dienen. Gemeinsam werden wir die Vergangenheit hinter uns lassen und in eine Zukunft voller Hoffnung, Frieden und Glück hineingehen.

Willkommen auf Ihrer Reise der emotionalen Freiheit. Das Beste kommt noch.

Kapitel 1: Das Gewicht der Vergangenheit verstehen

Unsere Vergangenheit spielt eine entscheidende Rolle dabei, wer wir sind – unsere Gedanken, Gefühle und Handlungen spiegeln oft die Summe unserer Lebenserfahrungen wider. Doch obwohl die Vergangenheit uns wertvolle Lektionen lehren kann, kann sie uns auch gefangen halten. Emotionaler Ballast, einschränkende Überzeugungen und ungelöste Gefühle können uns daran hindern, vollständig in der Gegenwart zu leben und das Glück zu finden, das wir verdienen. In diesem Kapitel werden wir untersuchen, wie vergangene Erfahrungen unser Verhalten beeinflussen, emotionalen Ballast und Überzeugungen identifizieren, die das Wachstum einschränken, und untersuchen, wie ungelöste Emotionen unser Wohlbefinden beeinträchtigen können.

1. Wie vergangene Erfahrungen Emotionen und Verhalten prägen

Vom Moment unserer Geburt an hinterlässt jede Erfahrung, die wir erleben, Spuren in uns. Sowohl positive als auch negative Momente prägen unsere Persönlichkeit, unsere emotionalen Reaktionen und unser Verhalten. Um uns vor Schaden zu schützen, speichert das Gehirn wichtige Erinnerungen – insbesondere emotionale – auf eine Weise, die unsere Reaktion auf zukünftige Situationen beeinflusst.

- **Emotionale Muster bilden:** Frühe Lebenserfahrungen, insbesondere in der Kindheit, prägen emotionale Muster. Wenn ein Kind in einer liebevollen Umgebung aufwächst, ist es wahrscheinlicher, dass es gesunde emotionale Reaktionen wie Vertrauen und Offenheit entwickelt. Umgekehrt kann die Einwirkung von Traumata, Vernachlässigung oder Kritik emotionale Narben hinterlassen, die den Einzelnen anfälliger für Angst, Unruhe oder Unsicherheit machen.

- **Verhaltenskonditionierung durch Erfahrung:** Stellen Sie sich eine Person vor, die in ihren frühen Beziehungen wiederholt abgelehnt wurde. Sie könnten ein Vermeidungsverhalten entwickeln, aus Angst vor künftiger Ablehnung. Andererseits könnte jemand, der als Perfektionist gelobt wird, Angst davor entwickeln, hohe Standards zu erfüllen, weil er glaubt, dass er makellos sein muss, um Anerkennung zu erhalten.

- **Das Gehirn und emotionale Auslöser:** Auch vergangene Erfahrungen erzeugen emotionale Auslöser – bestimmte Situationen, die eine starke emotionale Reaktion auslösen. Diese Reaktionen erfolgen oft unbewusst, was bedeutet, dass der Einzelne möglicherweise nicht vollständig versteht, warum ein bestimmtes Ereignis oder eine bestimmte Person eine so starke Reaktion hervorruft.

Der Schlüssel zur emotionalen Freiheit liegt im Erkennen dieser Muster. Wenn wir über unsere Erfahrungen nachdenken, können wir besser verstehen, warum wir so reagieren, wie wir es tun, und damit beginnen, unser Verhalten so umzugestalten, dass es uns besser dient.

2. Emotionalen Ballast und einschränkende Überzeugungen erkennen

Das Tragen emotionalen Ballasts ist wie das Schleppen eines schweren Koffers durch alle Lebensabschnitte. Dieses Gewicht, das oft aus ungelösten Konflikten, nicht verheilten Wunden oder unerfüllten Erwartungen besteht, kann sich auf alles auswirken, von Beziehungen bis hin zum Selbstwertgefühl. Das Erkennen dieses Ballasts ist der erste Schritt in Richtung emotionaler Freiheit.

Anzeichen von emotionalem Ballast:
- **Anhaltender Groll:** An der Wut über vergangene Ereignisse wie Verrat oder Enttäuschung festhalten.
- **Unheilbare Trauer:** Ungelöste Traurigkeit aufgrund eines schweren Verlusts, die die Fähigkeit beeinträchtigen kann, weiterzumachen.
- **Angst vor Intimität oder Vertrauensproblemen:** Vergangene Erfahrungen mit Verrat können Mauern schaffen und sinnvolle Verbindungen verhindern.
- **Vermeidungsverhalten:** Manche Menschen meiden Situationen, die sie an schmerzhafte vergangene Ereignisse erinnern, die das persönliche Wachstum einschränken können.
- **Überkompensation oder Perfektionismus:** Der Versuch, perfekt oder übermäßig erfolgreich zu sein, um sich als wertvoll zu erweisen oder den Schmerz vergangener Misserfolge zu vermeiden.

Begrenzende Überzeugungen, die in der Vergangenheit verwurzelt sind:
Zusätzlich zum emotionalen Ballast können einschränkende Überzeugungen – falsche Schlussfolgerungen aus vergangenen Erfahrungen – das Glück erheblich beeinträchtigen. Diese Überzeugungen

bilden mentale Barrieren, die uns daran hindern, unser volles Potenzial auszuschöpfen.

- **Ich bin nicht gut genug:** Eine weit verbreitete Überzeugung, die auf frühere Kritik oder Misserfolge zurückzuführen ist.
- **Die Leute werden mich immer verlassen:** Dieser Glaube, der auf Verlassenheit oder früherer Ablehnung beruht, kann Angst und Misstrauen in Beziehungen hervorrufen.
- **Ich muss perfekt sein, um geliebt zu werden:** Gebildet durch Erfahrungen, in denen Liebe und Akzeptanz an Bedingungen geknüpft waren, was zu chronischem Perfektionismus führte.
- **Ich kann meine Situation nicht ändern:** Ein Glaube, der sich nach wiederholten Misserfolgen entwickelt oder wenn sich jemand durch Umstände gefangen fühlt, die außerhalb seiner Kontrolle liegen.

Das Erkennen dieser Überzeugungen ist von entscheidender Bedeutung, da sie Gedanken und Emotionen beeinflussen und häufig negative Muster verstärken. Glücklicherweise können diese Überzeugungen, sobald sie erkannt wurden, in Frage gestellt und durch gesündere, stärkere Überzeugungen ersetzt werden.

3. Der Einfluss ungelöster Emotionen auf das Glück

Ungelöste Emotionen wirken wie unsichtbare Barrieren und versperren den Weg zu Glück und Seelenfrieden. Wenn Emotionen wie Wut, Angst oder Traurigkeit ignoriert oder unterdrückt werden, verschwinden sie nicht. Stattdessen manifestieren sie sich auf subtile, aber wirkungsvolle Weise und wirken sich auf die psychische Gesundheit, Beziehungen und das allgemeine Wohlbefinden aus.

Wie sich ungelöste Emotionen auf die psychische Gesundheit auswirken:
- **Chronischer Stress und Angst:** Unterdrückte Emotionen erzeugen mentale Anspannung, die zu Angstzuständen führt. Beispielsweise können unbewältigte Ängste aufgrund vergangener Misserfolge übermäßige Sorgen um die Zukunft auslösen.
- **Depression:** Langfristige emotionale Unterdrückung oder ungelöste Trauer können zu Gefühlen der Hoffnungslosigkeit und des Desinteresses am Leben führen. Die Vergangenheit wird zu einer mentalen Belastung und trübt jedes Gefühl von Freude oder Zielstrebigkeit.
- **Selbstsabotage:** Wenn Emotionen ungelöst bleiben, handeln Menschen unbewusst auf eine Weise, die ihre negativen Überzeugungen

verstärkt. Jemand, der zum Beispiel glaubt, dass er der Liebe nicht würdig ist, kann Menschen, denen er am Herzen liegt, von sich stoßen und so den Teufelskreis der Isolation fortsetzen.

Der Tribut an Beziehungen:
Emotionaler Ballast wirkt sich nicht nur auf den Einzelnen aus, sondern kann auch Beziehungen belasten.
- **Vergangenes zu projizieren tut weh:** Manchmal werden ungelöste Probleme aus früheren Beziehungen auf neue projiziert. Beispielsweise könnte jemand, der in der Vergangenheit durch Verrat verletzt wurde, Schwierigkeiten haben, seinem jetzigen Partner zu vertrauen, selbst wenn die neue Beziehung gesund ist.
- **Unrealistische Erwartungen:** Nicht verheilte Wunden können unrealistische Erwartungen bei anderen wecken und zu Enttäuschung führen, wenn die Menschen diese nicht erfüllen.
- **Emotionale Nichtverfügbarkeit:** Menschen, die emotionalen Ballast mit sich herumtragen, haben möglicherweise Schwierigkeiten, emotional bei ihren Lieben präsent zu sein, was zu Distanz und Missverständnissen führt.

Die körperlichen Auswirkungen unterdrückter Emotionen:
Es besteht auch ein signifikanter Zusammenhang zwischen emotionalem Wohlbefinden und körperlicher Gesundheit. Das Unterdrücken von Emotionen im Laufe der Zeit kann zu körperlichen Symptomen führen, wie zum Beispiel:
- Kopfschmerzen und Migräne

- Verdauungsprobleme
- Chronische Müdigkeit
- Geschwächte Immunfunktion

In manchen Fällen können ungelöste Emotionen sogar zu schwerwiegenderen Erkrankungen wie Herzerkrankungen führen, da die Stressbelastung den Körper belastet.

Warum Loslassen für das Glücklichsein unerlässlich ist:
Glück kann nicht gedeihen, wenn ungelöste Emotionen vorhanden sind. Beim Loslassen geht es nicht darum, die Vergangenheit zu vergessen oder abzutun, sondern darum, den emotionalen Einfluss loszulassen, den sie auf einen ausgeübt hat. Wenn wir loslassen, befreien wir uns von der Notwendigkeit, das zu kontrollieren, was nicht geändert werden kann, und schaffen Raum für Freude, Frieden und Neuanfänge.

Zusammenfassung von Kapitel 1:

Die Last der Vergangenheit kann schwer sein, aber sie muss nicht Ihre Zukunft bestimmen. Zu verstehen, wie vergangene Erfahrungen Ihre Emotionen und Verhaltensweisen prägen, ist der erste Schritt in Richtung emotionaler Freiheit. Wenn Sie emotionalen Ballast und einschränkende Überzeugungen erkennen, können Sie erkennen, wo Sie an unnötigen Belastungen festhalten. Und wenn Sie die Auswirkungen ungelöster Emotionen erkennen, können Sie die Bedeutung von Heilung und Loslassen erkennen.

Während Sie dieses Buch durcharbeiten, lernen Sie praktische Werkzeuge und Techniken kennen, um die emotionale Last der Vergangenheit loszulassen und die Gegenwart anzunehmen. Die Reise zum Glück beginnt mit Achtsamkeit – und da Sie sich nun der Last bewusst sind, die Sie tragen, sind Sie bereit auf dem Weg zur emotionalen Freiheit. Jeder Schritt vorwärts bringt Sie dem dauerhaften Glück näher, das Sie verdienen.

Kapitel 2: Die Kraft der Akzeptanz und Vergebung

Die Heilung von der Vergangenheit und das Erreichen emotionaler Freiheit erfordern zwei wesentliche Elemente: Akzeptanz und Vergebung. Bei diesen Konzepten handelt es sich nicht nur um passive Handlungen, sondern um wirkungsvolle Werkzeuge, die es uns ermöglichen, emotionale Belastungen abzubauen, negative Zyklen zu durchbrechen und uns dem Glück zu öffnen. Dieses Kapitel untersucht die Rolle der Akzeptanz bei der emotionalen Heilung, praktische Schritte, um sich selbst und anderen zu vergeben, und den Prozess des Loslassens, während man gleichzeitig an den wertvollen Lektionen festhält, die das persönliche Wachstum prägen.

1. Die Rolle der Akzeptanz bei der emotionalen Heilung

Im Kern ist Akzeptanz die Fähigkeit, die Realität so zu erkennen und anzuerkennen, wie sie ist – ohne Urteil oder Widerstand. Es bedeutet nicht, mit allem, was passiert ist, einverstanden zu sein oder Veränderungen aufzugeben. Stattdessen bedeutet es, dass Sie Ihre Erfahrungen und Emotionen als gültig und real anerkennen, auch wenn es schwierig ist, sich ihnen zu stellen.

Warum Akzeptanz für emotionale Heilung entscheidend ist

Reduziert emotionalen Widerstand: Oft widersetzen wir uns schmerzhaften Gefühlen oder Erlebnissen und hoffen, dass sie verschwinden, wenn wir sie ignorieren. Widerstand verstärkt jedoch nur das Leiden. Akzeptanz hingegen schafft Raum für Heilung, indem sie uns ermöglicht, Emotionen ehrlich zu begegnen.

- **Fördert den inneren Frieden:** Wenn wir akzeptieren, was wir nicht ändern können – sei es eine Trennung, ein persönlicher Fehler oder ein traumatisches Ereignis –, hören wir auf, gegen die Realität anzukämpfen. Diese Akzeptanz ermöglicht es uns, Frieden zu erfahren, auch wenn wir Schmerzen haben.

- **Stellt das emotionale Gleichgewicht wieder her:** Emotionale Heilung erfordert, dass wir jeden Teil unserer Erfahrung würdigen, sowohl freudige als auch schmerzhafte. Das Akzeptieren schwieriger Emotionen schafft Raum für das Entstehen positiver Emotionen wie Dankbarkeit und Freude.

Wie man Akzeptanz übt

1. Erkennen Sie Ihre Gefühle an: Anstatt Ihre Gefühle zu unterdrücken, benennen Sie sie. Ganz gleich, ob es sich um Traurigkeit, Wut oder Bedauern handelt, die Benennung von Emotionen hilft Ihnen, sich ihnen zu stellen und sie zu verstehen.

2. Bestätigen Sie Ihre Erfahrung: Sagen Sie sich, dass es in Ordnung ist, zu fühlen, was Sie fühlen. Viele Menschen haben Schwierigkeiten, weil sie glauben, dass bestimmte Emotionen – wie Traurigkeit oder Angst – falsch sind. In Wahrheit gehören alle Emotionen zum Menschsein.

3. Lassen Sie das Bedürfnis nach Kontrolle los: Akzeptanz bedeutet, das Bedürfnis loszulassen, Dinge zu ändern, die außerhalb Ihrer Macht liegen. Erkennen Sie, was in Ihrer Kontrolle liegt (Ihre Reaktionen) und was nicht (die Vergangenheit oder die Handlungen anderer).

4. Achtsamkeit üben: Achtsamkeit hilft Ihnen, präsent zu bleiben, ohne sich in Gedanken über die Vergangenheit oder Sorgen um die Zukunft zu verlieren. Dieses Bewusstsein für den gegenwärtigen Moment ist der Schlüssel zum Akzeptieren von Emotionen, sobald sie auftauchen.

Durch Akzeptanz gewinnen Sie emotionale Energie zurück, die einst durch Widerstand verschwendet wurde. Diese Energie kann nun auf Heilung, Selbstwachstum und sinnvolle Verbindungen gerichtet werden.

2. Schritte, um sich selbst und anderen zu vergeben

Bei Vergebung geht es nicht darum, schädliche Handlungen zu dulden oder schmerzhafte Erfahrungen zu vergessen. Stattdessen ist es eine bewusste Entscheidung, Groll und Bitterkeit loszulassen, die Sie belasten. Sowohl Selbstvergebung als auch Vergebung gegenüber anderen sind für die emotionale Freiheit unerlässlich. Lassen Sie uns untersuchen, wie wir uns an diesem Transformationsprozess beteiligen können.

A. Sich selbst vergeben
Vielen Menschen fällt es mehr schwer, sich selbst zu vergeben, als anderen zu vergeben. Wir stellen oft hohe Ansprüche an uns selbst und wiederholen Fehler oder Misserfolge immer wieder in unserem Kopf. Ohne Selbstvergebung bleiben wir jedoch in Scham und Schuldgefühlen gefangen, was Wachstum und Glück verhindert.

Schritte, um sich selbst zu vergeben

1. Erkennen Sie Ihre Fehler oder Ihr Bedauern an: Stellen Sie sich ehrlich dem, wofür Sie sich schuldig fühlen – sei es eine Entscheidung, die Sie bereuen, ein Verhalten, auf das Sie nicht stolz sind, oder eine Chance, die Sie verpasst haben.

2. Erkenne, dass du ein Mensch bist: Perfektion ist eine Illusion. Wir alle machen Fehler und lernen daraus. Erinnern Sie sich daran, dass Scheitern Teil des Wachstums ist.

3. Trennen Sie Aktionen von Identität: Deine Fehler definieren dich nicht. Anstatt nachzudenken, habe ich versagt; Deshalb bin ich ein Versager, sagen wir, ich habe einen Fehler gemacht, und ich kann es besser machen.

4. Nehmen Sie nach Möglichkeit Wiedergutmachung vor: Wenn Ihre Handlungen jemand anderem schaden, übernehmen Sie Verantwortung und entschuldigen Sie sich aufrichtig. Allerdings ist Selbstvergebung auch dann möglich, wenn die andere Person Ihre Entschuldigung nicht akzeptiert.

5. Verpflichten Sie sich zu Selbstmitgefühl: Sprich freundlich mit dir selbst, so wie du einen Freund trösten würdest. Seien Sie geduldig mit sich selbst und nehmen Sie den Lernprozess an.

Wenn Sie sich selbst vergeben, können Sie Schuldgefühle loslassen und mit Klarheit und Mitgefühl voranschreiten. Es ist ein Akt der Selbstliebe, der die Tür zu persönlichem Wachstum und emotionalem Wohlbefinden öffnet.

B. Anderen vergeben

Das Festhalten an Ressentiments gegenüber anderen kann sich wie eine Form des Selbstschutzes anfühlen, aber es fängt Sie nur in emotionalem Schmerz ein. Anderen zu vergeben ist keine Entschuldigung für schädliches Verhalten – es ist eine Möglichkeit, sich von der emotionalen Kontrolle durch die Handlungen anderer zu befreien.

Schritte, um anderen zu vergeben

1. Den Schmerz anerkennen: Erkennen Sie die Auswirkungen der Handlungen der anderen Person auf Ihre Gefühle und Ihr Leben. Erlaube dir, den Schmerz zu spüren.

2. Mitfühlen, ohne sich zu rechtfertigen: Versuchen Sie zu verstehen, was das Verhalten der anderen Person motiviert haben könnte, auch wenn es falsch war. Empathie bedeutet nicht, dass Sie die Handlung entschuldigen müssen.

3. Lassen Sie das Bedürfnis nach einer Entschuldigung los: Manchmal entschuldigt sich die Person, die Sie verletzt hat, nie. Bei der Vergebung geht es darum, der Wut freien Lauf zu lassen und nicht darauf zu warten, dass andere die Verantwortung übernehmen.
4. Schreiben Sie Ihre Geschichte neu: Betrachten Sie Ihre Erfahrungen nicht als Opfer, sondern als Teil Ihrer Wachstumsreise. Formulieren Sie die Erzählung neu, um sich darauf zu konzentrieren, wie Sie gewachsen sind oder was Sie gelernt haben.

5. Setzen Sie bei Bedarf Grenzen: Vergebung bedeutet nicht, dass Sie eine Beziehung zu der Person aufrechterhalten müssen, die Sie verletzt hat. Sie können vergeben und sich gleichzeitig durch gesunde Grenzen schützen.

Anderen zu vergeben ist ein Akt der Befreiung. Wenn Sie Groll loslassen, befreien Sie sich von emotionalen Fesseln und schaffen Raum für Frieden und Glück.

3. Loslassen, ohne den Wert der gewonnenen Erkenntnisse zu verleugnen

Loslassen kann eine Herausforderung sein, weil wir oft das Gefühl haben, dass wir die Bedeutung unserer Erfahrungen vernachlässigen oder unseren Schmerz abwerten. Beim Loslassen geht es jedoch nicht darum, das Geschehene zu vergessen oder zu leugnen – es geht darum, den emotionalen Einfluss loszulassen, den diese Erfahrungen auf uns haben. Es ist möglich, voranzukommen und gleichzeitig die gewonnenen Erkenntnisse beizubehalten.

Die Bedeutung des Loslassens

- **Freiheit von emotionaler Bindung:** Das Festhalten an schmerzhaften Emotionen hält dich an die Vergangenheit gebunden. Das Loslassen löst diese emotionale Bindung und ermöglicht es Ihnen, ganz im Moment präsent zu sein.
- **Raum schaffen für neue Möglichkeiten:** Wenn Sie loslassen, schaffen Sie mentalen und emotionalen Raum für neue Erfahrungen, Beziehungen und Möglichkeiten.
- **Erobern Sie Ihre Macht zurück:** Loslassen ermöglicht es Ihnen, die Kontrolle über Ihr Leben zu übernehmen, anstatt zuzulassen, dass die Vergangenheit Ihre Gefühle und Handlungen diktiert.

Schritte zum Loslassen und gleichzeitig am Unterricht festzuhalten

1. Identifizieren Sie, was Sie freigeben müssen: Denken Sie darüber nach, an welchen Emotionen oder Gedanken Sie festhalten – sei es Wut, Bedauern, Schuldgefühle oder Traurigkeit.

2. Ziehen Sie die Lektion aus der Erfahrung: Jede Erfahrung, egal wie schmerzhaft sie ist, hat etwas zu lehren. Fragen Sie sich: Was habe ich aus dieser Situation gelernt?

3. Trennen Sie die Lektion von der Emotion: Erkennen Sie die Lektion als eine positive Erkenntnis und lassen Sie die mit der Erfahrung verbundenen negativen Emotionen los. Dadurch können Sie die Weisheit ohne emotionalen Ballast weitertragen.

4. Verwenden Sie Rituale, um die Befreiung zu symbolisieren: Manche Menschen finden es hilfreich, sich auf symbolische Handlungen des Loslassens einzulassen – etwa einen Brief an ihr früheres Ich zu schreiben oder ein Blatt Papier mit negativen Gedanken darauf zu verbrennen.

5. Konzentrieren Sie sich auf Dankbarkeit: Anstatt darüber nachzudenken, was schief gelaufen ist, konzentrieren Sie sich auf das Wachstum und die Widerstandsfähigkeit, die Sie gewonnen haben. Dankbarkeit verschiebt Ihre Perspektive auf das, was Sie haben, und nicht auf das, was Sie verloren haben.

Loslassen ist kein Akt des Vergessens – es ist eine bewusste Entscheidung, sich von der Last der Vergangenheit zu befreien und gleichzeitig die Weisheit zu bewahren. Es ermöglicht Ihnen, mit Klarheit, Kraft und emotionaler Freiheit voranzukommen.

Zusammenfassung von Kapitel 2:

Akzeptanz und Vergebung sind transformative Praktiken, die die Tür zu emotionaler Freiheit und dauerhaftem Glück öffnen. Durch Akzeptanz hören Sie auf, sich der Realität zu widersetzen, und beginnen zu heilen, indem Sie Ihren Gefühlen mit Ehrlichkeit und Mitgefühl begegnen. Vergebung, sowohl für sich selbst als auch für andere, ermöglicht es Ihnen, Groll, Schuldgefühle und Scham loszulassen und den Weg für persönliches Wachstum freizumachen. Und indem Sie emotionale Bindungen loslassen – und gleichzeitig an den wertvollen Lektionen festhalten – schaffen Sie Raum für Neuanfänge.

Der Weg zur emotionalen Freiheit erfordert Anstrengung und Geduld. Akzeptanz geschieht möglicherweise nicht über Nacht und Vergebung kann einige Zeit dauern. Aber jeder kleine Schritt vorwärts bringt Sie dem Frieden, der Heilung und dem Glück näher. Denken Sie daran: Sie werden nicht durch Ihre Vergangenheit definiert, sondern durch die Art und Weise, wie Sie darüber hinausgehen. In den folgenden Kapiteln werden wir zusätzliche Werkzeuge und Techniken erkunden, die Ihnen dabei helfen, Freude, Belastbarkeit und emotionale Freiheit zu fördern. Ihr Glück erwartet Sie – es beginnt mit der Kraft der Akzeptanz und Vergebung.

Kapitel 3: Eine zukunftsorientierte Denkweise kultivieren

Eine zukunftsorientierte Denkweise ist der Schlüssel zur Erschließung emotionaler Freiheit und dauerhaftem Glück. Es ermöglicht uns, uns aus dem Griff des Bedauerns zu befreien, Optimismus anzunehmen und im Einklang mit unseren Werten und Zielen zu leben. Wenn wir vom Verweilen in der Vergangenheit zur völligen Gegenwart und Fokussierung auf die Zukunft übergehen, schaffen wir Raum für Wachstum, Freude und Frieden. In diesem Kapitel werden drei wesentliche Komponenten einer zukunftsorientierten Denkweise untersucht: der Übergang vom Bedauern zum Optimismus, das Üben von Dankbarkeit und positivem Denken sowie die Entwicklung von Gewohnheiten, die uns in der Gegenwart verankern und gleichzeitig eine bessere Zukunft planen.

1. Wechsel vom Bedauern zum Optimismus

Bedauern ist einer der häufigsten emotionalen Belastungen, die Menschen zurückhalten. Es kann durch verpasste Gelegenheiten, schlechte Entscheidungen oder Handlungen entstehen, die zu Schmerzen geführt haben.

Während Bedauern als Signal dafür dient, dass über etwas nachgedacht werden muss, wird es schädlich, wenn es in Grübeln umschlägt – das wiederholte Wiederholen vergangener Fehler ohne Lösung. Der Wechsel vom Bedauern zum Optimismus ist für das geistige Wohlbefinden und das persönliche Wachstum von entscheidender Bedeutung.

Warum das Bedauern bestehen bleibt
- **Unvollendete emotionale Angelegenheit:** Das Bedauern bleibt oft bestehen, weil wir das Gefühl haben, dass die Dinge ungelöst blieben oder wir die Chance verpasst haben, die Dinge wieder in Ordnung zu bringen.
- **Negatives Selbstgespräch:** Wenn sich Bedauern breit macht, löst das oft eine negative Selbstwahrnehmung aus, wie zum Beispiel, dass ich immer Fehler mache oder ein Versager bin.
- **Angst vor zukünftigen Fehlern:** Menschen halten oft am Bedauern fest, weil sie glauben, es würde sie davon abhalten, Fehler zu wiederholen, aber das kann zu emotionaler Lähmung führen.

Wie man vom Bedauern zum Optimismus wechselt

1. Formulieren Sie die Erzählung neu: Betrachten Sie vergangene Fehler nicht als Misserfolge, sondern als Lernerfahrungen. Fragen Sie sich: Was kann ich daraus lernen? Jede Erfahrung, egal wie schmerzhaft sie auch sein mag, bietet Lektionen, die eine bessere Zukunft gestalten können.

2. Übe Selbstmitgefühl: Gönnen Sie sich selbst die gleiche Freundlichkeit, die Sie einem Freund entgegenbringen würden. Verstehen Sie, dass Fehler Teil der menschlichen Erfahrung sind und Sie nicht durch ein einzelnes Ereignis oder eine einzelne Entscheidung definiert werden.

3. Setzen Sie sich sinnvolle Ziele: Zu einer zukunftsorientierten Denkweise gehört es, die Aufmerksamkeit von dem, was schief gelaufen ist, auf das zu lenken, was Sie als Nächstes schaffen können. Fragen Sie: Was möchte ich in Zukunft aufbauen oder erreichen? Das Setzen kleiner, erreichbarer Ziele trägt dazu bei, Optimismus zu fördern, indem es Ihnen einen Orientierungssinn gibt.

4. Visualisieren Sie den zukünftigen Erfolg: Visualisierung ist ein leistungsstarkes Werkzeug, das Ihnen hilft, Ihren Fokus von Bedauern auf Optimismus zu verlagern. Stellen Sie sich vor, Sie überwinden Herausforderungen und erreichen das gewünschte Ergebnis. Dieser mentale Wandel kann Motivation und Hoffnung wecken.

Beim Optimismus geht es nicht darum, Herausforderungen zu ignorieren oder so zu tun, als würde alles perfekt sein. Es geht darum, daran zu glauben, dass man trotz Rückschlägen die Kraft hat, eine bessere Zukunft zu schaffen. Wenn Sie aufhören, im Schatten des Bedauerns zu leben, und beginnen, die Möglichkeit einer positiven Veränderung anzunehmen, entwickeln Sie eine Geisteshaltung der Hoffnung und Widerstandsfähigkeit.

2. Üben Sie Dankbarkeit und positives Denken

Dankbarkeit und positives Denken sind zwei wesentliche Praktiken für eine zukunftsorientierte Denkweise. Sie trainieren Ihr Gehirn, sich auf das zu konzentrieren, was in Ihrem Leben funktioniert, und nicht auf das, was Ihnen fehlt. Je mehr Sie Dankbarkeit und Positivität kultivieren, desto widerstandsfähiger werden Sie im Angesicht von Widrigkeiten.

Die Wissenschaft der Dankbarkeit
Untersuchungen zeigen, dass das Praktizieren von Dankbarkeit messbare Vorteile für die psychische Gesundheit, das Wohlbefinden und die Beziehungen hat. Es hilft, Stress abzubauen, erhöht die emotionale Belastbarkeit und stärkt Ihr Immunsystem. Menschen, die regelmäßig Dankbarkeit praktizieren, berichten von einer höheren Lebenszufriedenheit und blicken optimistischer in die Zukunft.

Wie man täglich Dankbarkeit kultiviert

1. Führen Sie ein Dankbarkeitstagebuch: Schreiben Sie jeden Tag drei Dinge auf, für die Sie dankbar sind, egal wie klein sie sind. Diese einfache Angewohnheit trainiert Ihr Gehirn, positive Momente wahrzunehmen.

2. Drücken Sie anderen gegenüber Ihre Dankbarkeit aus: Den Menschen zu sagen, wie sehr man sie schätzt, stärkt die Beziehungen und schafft ein Gefühl der Verbundenheit.

3. Üben Sie achtsamkeitsbasierte Dankbarkeit: Nehmen Sie sich Zeit, die kleinen Freuden um Sie herum wahrzunehmen – eine warme Tasse Kaffee, das Geräusch der Vögel draußen oder die Freundlichkeit eines Fremden.

4. Dankbarkeitsreflexion vor dem Schlafengehen: Denken Sie vor dem Schlafengehen darüber nach, was tagsüber gut gelaufen ist. Dies hilft Ihnen, den Tag positiv zu beenden und bereitet Ihren Geist auf einen erholsamen Schlaf vor.

Übergang zum positiven Denken

Während sich Dankbarkeit auf die Wertschätzung dessen konzentriert, was Sie bereits haben, beinhaltet positives Denken die aktive Kultivierung bestärkender Gedanken über sich selbst und Ihre Zukunft. Positives Denken bedeutet nicht, Herausforderungen zu leugnen, sondern vielmehr eine ausgewogene Perspektive zu entwickeln, in der man sich auf Lösungen und nicht auf Probleme konzentriert.

Strategien für positives Denken

1. Negative Gedanken herausfordern: Wenn negative Gedanken aufkommen, fragen Sie sich: Ist dieser Gedanke wahr? Gibt es eine andere Möglichkeit, die Situation zu interpretieren? Oft verursachen wir unnötigen psychischen Stress, indem wir an das Worst-Case-Szenario glauben.

2. Affirmationen und Selbstermächtigungsaussagen: Schreiben Sie Affirmationen auf, die mit Ihren Zielen übereinstimmen, z. B. „Ich bin in der Lage, meine Träume zu verwirklichen, oder „Ich habe die Kraft, Herausforderungen zu meistern". Wiederholen Sie sie täglich, um Ihr Denken neu zu programmieren.

3. Umgeben Sie sich mit Positivität: Umgeben Sie sich mit Menschen, Büchern und Umgebungen, die Optimismus wecken. Je mehr Sie sich der Positivität aussetzen, desto einfacher wird es, eine zukunftsorientierte Denkweise anzunehmen.

Dankbarkeit und positives Denken sind Gewohnheiten, die Beständigkeit erfordern, aber im Laufe der Zeit können sie Ihre mentale Landschaft verändern. Wenn sie regelmäßig praktiziert werden, fördern sie die Zufriedenheit mit der Gegenwart und die Vorfreude auf die Zukunft.

3. Entwickeln Sie mentale Gewohnheiten, um präsent und zukunftsorientiert zu bleiben

Eine zukunftsorientierte Denkweise erfordert, im gegenwärtigen Moment auf dem Boden zu bleiben und gleichzeitig zukünftige Ziele im Auge zu behalten. Es ist ein heikles Gleichgewicht – zu viel Fokus auf die Zukunft kann Angst erzeugen, während zu viel Fixierung auf die Vergangenheit zu Bedauern führen kann. Die Entwicklung mentaler Gewohnheiten, die Achtsamkeit und Zielsetzung fördern, hilft Ihnen, sowohl auf die Gegenwart als auch auf die Zukunft ausgerichtet zu bleiben.

In der Gegenwart verankert bleiben

Achtsamkeit – die Praxis, sich des gegenwärtigen Augenblicks völlig bewusst zu sein, ohne zu urteilen – ist ein wirkungsvolles Werkzeug für emotionales Wohlbefinden. Es verhindert, dass der Geist in die Vergangenheit abschweift oder von der Zukunft überwältigt wird.

Wie man Achtsamkeit übt

1. **Tägliche Achtsamkeitsmeditation:** Verbringen Sie jeden Tag 5–10 Minuten damit, sich auf Ihren Atem zu konzentrieren. Nehmen Sie die Empfindungen in Ihrem Körper, den Rhythmus Ihrer Atmung und alle aufkommenden Gedanken wahr. Wenn Ihre Gedanken abschweifen, bringen Sie sie sanft zurück in die Gegenwart.

2. **Nehmen Sie an achtsamen Aktivitäten teil:** Üben Sie Achtsamkeit bei Routineaufgaben wie Essen, Gehen oder Zähneputzen. Achten Sie auf die Details des Erlebnisses – den Geschmack, die Textur oder das Gefühl –, ohne es zu überstürzen.

3. **Führen Sie Körperscans durch:** Nehmen Sie sich ein paar Minuten Zeit, um Ihren Körper von Kopf bis Fuß geistig zu scannen, Spannungsbereiche wahrzunehmen und diese zu lösen. Diese Praxis verankert Sie in der Gegenwart und fördert die Entspannung.

Zukunftsorientierte Gewohnheiten entwickeln

Während Achtsamkeit Sie auf dem Boden hält, hilft Ihnen das gezielte Setzen von Zielen dabei, sich auf die Zukunft zu konzentrieren. Zu einer zukunftsorientierten

Denkweise gehört es, eine Vision für die Zukunft zu entwickeln und jeden Tag kleine Schritte in diese Richtung zu unternehmen.

Tipps zur Entwicklung zukunftsorientierter Gewohnheiten

1. Setzen Sie sich SMARTe Ziele: SMART-Ziele sind spezifisch, messbar, erreichbar, relevant und zeitgebunden. Die Aufteilung großer Ziele in kleinere, überschaubare Schritte schafft Schwung und verhindert Überforderung.

2. Visualisieren Sie den Erfolg regelmäßig: Nehmen Sie sich jeden Tag ein paar Minuten Zeit, um sich vorzustellen, wie Sie Ihre Ziele erreichen. Diese Übung stärkt Ihren Glauben an Ihre Fähigkeiten und motiviert Sie zum Handeln.

3. Verfolgen Sie Fortschritte und feiern Sie Erfolge: Führen Sie ein Tagebuch über Ihre Fortschritte und feiern Sie Meilensteine, egal wie klein. Die Anerkennung Ihrer Erfolge stärkt positive Gewohnheiten und stärkt das Selbstvertrauen.

4. Nutzen Sie Flexibilität: Das Leben ist unvorhersehbar und Ziele müssen möglicherweise angepasst werden. Eine zukunftsorientierte Denkweise setzt Flexibilität voraus und erkennt, dass Rückschläge Teil der Reise sind und kein Grund, aufzugeben.

Die Kraft der Konsistenz

Um präsent und zukunftsorientiert zu bleiben, ist Beständigkeit erforderlich. Kleine, absichtliche Aktionen, die im Laufe der Zeit wiederholt werden, bewirken dauerhafte Veränderungen. Indem Sie Achtsamkeit praktizieren und sich auf erreichbare Ziele konzentrieren, bauen Sie Belastbarkeit auf, reduzieren Stress und entwickeln einen Sinn für das Ziel.

Zusammenfassung von Kapitel 3:

Um eine zukunftsorientierte Denkweise zu entwickeln, müssen Sie vom Bedauern zum Optimismus übergehen, sich in Dankbarkeit und positivem Denken üben und Gewohnheiten entwickeln, die Sie in der Gegenwart festhalten und gleichzeitig in die Zukunft blicken. Diese Denkweise ermöglicht es Ihnen, das Leben so anzunehmen, wie es sich entfaltet, und dabei darauf zu vertrauen, dass Sie aus der Vergangenheit lernen können, ohne von ihr gefangen zu werden. Jeder Tag bietet eine neue Gelegenheit zu wachsen, sich weiterzuentwickeln und dem Glück, das Sie verdienen, näher zu kommen.

Durch konsequentes Üben wird eine zukunftsorientierte Denkweise zur zweiten Natur. Sie bemerken Freude in der Gegenwart, blicken hoffnungsvoll in die Zukunft und lassen die Lasten der Vergangenheit los. Bei emotionaler Freiheit geht es nicht nur darum, loszulassen – es geht darum, mit Absicht, Neugier und Optimismus nach vorne zu blicken. Die Reise zu dauerhaftem Glück beginnt mit jedem achtsamen Schritt, den Sie heute unternehmen.

Kapitel 4: Aufbau emotionaler Belastbarkeit und Selbstmitgefühl

Emotionale Belastbarkeit und Selbstmitgefühl sind wesentliche Werkzeuge auf dem Weg zu emotionaler Freiheit und dauerhaftem Glück. Das Leben stellt uns unweigerlich vor Herausforderungen, von persönlichen Rückschlägen bis hin zu alltäglichen Stressfaktoren, und wie wir auf diese Schwierigkeiten reagieren, beeinflusst unser allgemeines Wohlbefinden. Emotionale Belastbarkeit ermöglicht es uns, uns von Rückschlägen mit Kraft zu erholen, während Selbstmitgefühl uns lehrt, unsere Unvollkommenheiten ohne Urteil anzunehmen. In diesem Kapitel untersuchen wir praktische Techniken, um Herausforderungen zu meistern, Freundlichkeit gegenüber uns selbst zu entwickeln und mit Stress umzugehen, um das emotionale Gleichgewicht aufrechtzuerhalten.

1. Techniken, um sich von Rückschlägen zu erholen

Resilienz ist die Fähigkeit, sich von schwierigen Situationen zu erholen und mit neuer Zielstrebigkeit voranzuschreiten. Es geht nicht darum, Schwierigkeiten zu vermeiden, sondern zu lernen, wie man ihnen effektiv begegnet und dabei stärker wird.

1. Definieren Sie Rückschläge als Wachstumschancen

Anstatt Misserfolge als endgültig zu betrachten, betrachten belastbare Menschen sie als Chance zum Lernen. Diese Änderung der Denkweise wird oft als kognitive Neubewertung bezeichnet.

- **Fragen Sie: Was kann ich daraus lernen?:** Jeder Rückschlag bietet Einblicke in Bereiche mit Verbesserungspotenzial. Das Nachdenken darüber, was schief gelaufen ist – und was richtig gelaufen ist – hilft, zukünftige Fehler zu vermeiden.

- **Machen Sie sich die Wachstumsmentalität zu eigen:** Erkennen Sie, dass persönliches Wachstum Anstrengung erfordert und Rückschläge Teil des Lernprozesses sind. Diese Denkweise fördert die Widerstandsfähigkeit, indem sie das Scheitern als einen Schritt zur Meisterschaft normalisiert.

2. Kultivieren Sie Optimismus und Hoffnung

Optimismus stärkt die emotionale Widerstandsfähigkeit, indem er sich auf Möglichkeiten statt auf Grenzen konzentriert.

- **Üben Sie positive Selbstgespräche:** Ersetzen Sie negative Gedanken wie „Ich werde mich nie davon erholen" durch ermutigende Gedanken wie „Das ist nur vorübergehend und ich werde einen Weg finden, durchzukommen."
- **Visualisieren Sie positive Ergebnisse:** Visualisierung ist ein wirkungsvolles Werkzeug, um Hoffnung zu fördern. Stellen Sie sich vor, dass Sie Herausforderungen meistern und Erfolg haben, was das Gefühl für Möglichkeiten stärkt.

3. Bauen Sie ein Support-Netzwerk auf

Niemand muss schwierige Zeiten alleine durchstehen. Starke soziale Verbindungen verbessern die Widerstandsfähigkeit, indem sie emotionale Unterstützung und praktische Ratschläge bieten.

- **Stützen Sie sich auf Ihre Lieben:** Das Teilen von Schwierigkeiten mit vertrauenswürdigen Freunden oder Familienmitgliedern erleichtert die emotionale Belastung und bietet neue Perspektiven.

- **Suchen Sie bei Bedarf professionelle Hilfe auf:** Eine Therapie oder Beratung kann insbesondere in besonders schwierigen Zeiten tiefere Erkenntnisse und Bewältigungsstrategien liefern.

4. Entwickeln Sie Fähigkeiten zur Problemlösung

Resiliente Menschen stellen sich Herausforderungen direkt, indem sie sich auf Lösungen konzentrieren, anstatt sich mit dem Problem zu beschäftigen.

- **Teilen Sie große Herausforderungen in kleinere Schritte auf:** Dadurch werden überwältigende Probleme leichter beherrschbar.
- **Konzentrieren Sie sich auf das, was Sie kontrollieren können:** Sich Sorgen über unkontrollierbare Faktoren zu machen, raubt emotionale Energie. Die Aufmerksamkeit auf umsetzbare Schritte zu lenken, fördert die Widerstandsfähigkeit.

5. Bauen Sie mentale Stärke durch Achtsamkeitsübungen auf

Achtsamkeit stärkt die Widerstandsfähigkeit, indem sie Sie auch in schwierigen Zeiten im gegenwärtigen Moment auf dem Boden hält.

- **Übe Achtsamkeitsmeditation:** Verbringen Sie jeden Tag ein paar Minuten damit, sich auf Ihren

Atem oder Ihre Körperempfindungen zu konzentrieren. Diese Praxis stärkt das Bewusstsein und hilft, emotionale Reaktionen zu regulieren.
- **Beobachten Sie ohne Urteil:** Wenn Rückschläge auftreten, hilft Ihnen Achtsamkeit dabei, Emotionen anzuerkennen, ohne sie als gut oder schlecht einzustufen. Dadurch verringert sich die emotionale Intensität des Erlebnisses.

2. Entwickeln Sie Selbstmitgefühl und akzeptieren Sie Unvollkommenheiten

Selbstmitgefühl bedeutet, sich selbst mit der gleichen Freundlichkeit zu behandeln, die Sie einem Freund in Not entgegenbringen würden. Dies ist besonders wichtig in schwierigen Zeiten, in denen Selbstkritik und Perfektionismus zum Vorschein kommen.

1. Üben Sie Freundlichkeit sich selbst gegenüber
Wenn etwas schief geht, besteht die natürliche Tendenz oft darin, äußerst selbstkritisch zu sein. Selbstmitgefühl ermutigt uns, Selbsturteil durch Verständnis zu ersetzen.
- **Sprich freundlich mit dir selbst:** Wenn Sie scheitern, sagen Sie Dinge wie: Es ist in Ordnung, Fehler zu machen – das gehört zum Menschsein dazu.

- **Bestätigen Sie Ihre Bemühungen:** Auch wenn die Dinge nicht perfekt laufen, erkennen Sie die harte Arbeit und den Mut an, die Sie in den Prozess gesteckt haben.

2. Erkennen Sie, dass Unvollkommenheit zum Menschsein gehört

Perfektionismus weckt unrealistische Erwartungen, die niemand erfüllen kann. Selbstmitgefühl lehrt uns, unsere Fehler anzunehmen und zu verstehen, dass Unvollkommenheit ein natürlicher Teil des Lebens ist.

- **Übernehmen Sie realistische Standards:** Setzen Sie sich Ziele, die Sie herausfordern, aber erreichbar sind. Lassen Sie das Bedürfnis nach Perfektion in jeder Situation los.
- **Feiern Sie den Fortschritt, nicht die Perfektion:** Konzentrieren Sie sich darauf, wie weit Sie gekommen sind, und nicht darauf, wie weit Sie noch gehen müssen. Kleine Siege zählen.

3. Hören Sie auf, sich mit anderen zu vergleichen

Der Vergleich mit anderen kann zu Unsicherheit und Selbstkritik führen.

- **Üben Sie Dankbarkeit für Ihre eigene Reise:** Jeder Weg ist einzigartig. Konzentrieren Sie sich auf das, was Sie erreicht haben, anstatt sich mit anderen zu messen.

- **Begrenzen Sie den Social-Media-Konsum:** Soziale Medien präsentieren oft kuratierte Versionen des Lebens anderer Menschen, was das Gefühl der Unzulänglichkeit schüren kann. Sich Pausen zu gönnen, fördert das seelische Wohlbefinden.

4. Machen Sie Selbstmitgefühlsübungen
- **Das Selbstmitgefühl-Tagebuch:** Schreiben Sie Momente auf, in denen Sie hart zu sich selbst waren, und formulieren Sie sie mit Freundlichkeit und Verständnis neu.
- **Die Selbstmitgefühlspause:** Wenn Sie auf Schwierigkeiten stoßen, halten Sie inne und erkennen Sie Ihre Gefühle an, erinnern Sie sich daran, dass andere ähnliche Probleme haben, und sagen Sie sich selbst ein paar freundliche Worte.

3. Bewältigen Sie Stress und bewahren Sie das emotionale Gleichgewicht

Stress ist ein normaler Teil des Lebens, aber chronischer Stress kann das emotionale Gleichgewicht stören und zu Burnout führen. Um emotionale Belastbarkeit aufzubauen, muss man lernen, wie man Stress effektiv bewältigt und die innere Harmonie aufrechterhält.

1. Verstehen Sie Ihre Stressauslöser

Jeder erlebt Stress anders, und für die Bewältigung ist es wichtig zu wissen, was Ihren Stress auslöst.

- **Führen Sie ein Stresstagebuch:** Verfolgen Sie stressige Momente, um Muster zu erkennen. Sobald Sie Ihre Auslöser kennen, können Sie proaktive Maßnahmen ergreifen, um sie zu bekämpfen.
- **Antizipieren und planen Sie Stress:** Wenn Sie wissen, dass ein stressiges Ereignis bevorsteht, bereiten Sie sich im Voraus vor, indem Sie Entspannungstechniken üben oder Aufgaben in kleinere, überschaubare Schritte aufteilen.

2. Üben Sie Entspannungstechniken

Entspannungstechniken aktivieren das parasympathische Nervensystem, was Körper und Geist beruhigt.

- **Atemübungen:** Atmen Sie langsam durch die Nase ein, halten Sie die Luft einige Sekunden lang an und atmen Sie dann durch den Mund aus. Diese einfache Übung hilft, Stress vor Ort zu reduzieren.
- **Progressive Muskelentspannung:** Spannen und entspannen Sie jede Muskelgruppe in Ihrem Körper, um Verspannungen zu lösen.
- **Geführte Bilder:** Stellen Sie sich eine friedliche Szene vor – etwa einen Strand oder einen Wald –, um ein Gefühl der Ruhe zu erzeugen.

3. Priorisieren Sie Ruhe und Selbstfürsorge
Selbstfürsorge ist nicht egoistisch – sie ist für das emotionale Gleichgewicht unerlässlich.

- **Setzen Sie gesunde Grenzen:** Lernen Sie, Nein zu Verpflichtungen zu sagen, die Ihnen Energie rauben.

Nehmen Sie an Aktivitäten teil, die Ihnen neue Energie verleihen: Verbringen Sie Zeit mit Dingen, die Freude und Entspannung bringen, wie Hobbys, Sport oder verbringen Sie Zeit in der Natur.

Priorisieren Sie den Schlaf: Schlaf spielt eine entscheidende Rolle bei der emotionalen Regulierung. Streben Sie jede Nacht 7–9 Stunden guten Schlaf an, um das emotionale Gleichgewicht aufrechtzuerhalten.

4. Kultivieren Sie Dankbarkeit und positive Emotionen
Dankbarkeit ist ein starkes Gegenmittel gegen Stress. Die Konzentration auf die positiven Aspekte des Lebens fördert das emotionale Wohlbefinden und reduziert die Auswirkungen des täglichen Stresses.

- **Führen Sie ein Dankbarkeitstagebuch:** Schreiben Sie jeden Tag drei Dinge auf, für die Sie dankbar sind, egal wie klein sie sind.
- **Wertschätzung ausdrücken:** Nehmen Sie sich Zeit, anderen für ihre Freundlichkeit zu danken, die soziale Bindungen stärkt und das emotionale Wohlbefinden steigert.

5. Erstellen Sie eine ausgewogene Routine
Eine ausgewogene Routine hilft, Stress vorzubeugen, indem sie sicherstellt, dass Ihre emotionalen, körperlichen und geistigen Bedürfnisse erfüllt werden.
- **Integrieren Sie körperliche Aktivität:** Beim Sport werden Endorphine freigesetzt, die die Stimmung verbessern und Stress reduzieren.
- **Nehmen Sie sich Zeit zum Entspannen:** Planen Sie Ausfallzeiten zum Entspannen und Erholen ein, auch in Stoßzeiten.
- **Halten Sie die Work-Life-Balance aufrecht:** Schaffen Sie Grenzen zwischen Arbeit und Privatleben, um Burnout vorzubeugen.

Zusammenfassung von Kapitel 4:

Der Aufbau emotionaler Belastbarkeit und Selbstmitgefühl sind wesentliche Schritte zu emotionaler Freiheit und dauerhaftem Glück. Resilienz ermöglicht es Ihnen, mit Stärke und Optimismus aus Rückschlägen herauszukommen, während Selbstmitgefühl es Ihnen ermöglicht, selbst im Angesicht von Misserfolgen freundlich mit sich selbst umzugehen. Der Umgang mit Stress und die Aufrechterhaltung des emotionalen Gleichgewichts stellen sicher, dass die Herausforderungen des Lebens Ihr Wohlbefinden nicht überfordern.

Es braucht Zeit, diese Praktiken in Ihr Leben zu integrieren, aber jeder kleine Schritt bringt Sie einem Zustand emotionaler Harmonie näher. Wenn Sie Ihre Reise fortsetzen, denken Sie daran, dass Rückschläge Teil des Prozesses sind, Unvollkommenheiten ein natürlicher Teil des Menschseins sind und die Aufrechterhaltung des Gleichgewichts eine ständige Anstrengung ist. Die Werkzeuge, die Sie in diesem Kapitel pflegen, werden als Grundlage für ein Leben voller Freude, Belastbarkeit und Selbstakzeptanz dienen.

Kapitel 5: Erstellen Sie Ihren Weg zum dauerhaften Glück

Glück ist kein Ziel; Es ist eine Reise, die Absicht, Selbstbewusstsein und die richtigen Werkzeuge erfordert. Während die emotionale Freiheit von der Vergangenheit den Grundstein legt, wird dauerhaftes Glück durch bewusstes Handeln in der Gegenwart und Zukunft kultiviert. In diesem Kapitel erfahren Sie, wie Sie Ihren einzigartigen Weg zum Glück gestalten können, indem Sie sich persönliche Ziele setzen, die Ihren Werten entsprechen, sinnvolle Verbindungen und freudige Routinen aufbauen und durch achtsames Leben emotionale Freiheit bewahren.

1. Setzen Sie sich persönliche Ziele, die Ihren Werten entsprechen

Viele Menschen setzen Ziele aufgrund gesellschaftlicher Erwartungen, äußerem Druck oder Vergleichen mit anderen. Wahre Erfüllung stellt sich jedoch ein, wenn Ihre Ziele Ihre tiefsten Werte widerspiegeln und mit dem übereinstimmen, was Ihnen wirklich wichtig ist. Ziele, die Ihren Werten entsprechen, werden Sie auch in schwierigen Zeiten motivieren und unterstützen.

Verstehen Sie Ihre Grundwerte

Grundwerte sind die Prinzipien und Überzeugungen, die Ihr Verhalten und Ihre Entscheidungsfindung leiten. Sie spiegeln wider, was Ihnen im Leben am wichtigsten ist. Beispiele für Werte sind:

- **Wachstum:** Streben nach Lernen und Weiterentwicklung.
- **Mitgefühl:** Sich intensiv um andere kümmern und eine positive Wirkung erzielen.
- **Kreativität:** Sich durch Kunst, Innovation oder Ideen ausdrücken.
- **Freiheit:** Selbstbestimmt und ohne Zwänge leben.
- **Verbindung:** Aufbau sinnvoller Beziehungen und Zugehörigkeit.

So identifizieren Sie Ihre Werte

Wenn Sie sich Ihrer Grundwerte nicht sicher sind, denken Sie über Folgendes nach:

- Wann haben Sie sich am erfülltesten oder zufriedensten gefühlt? Was hast du gemacht und warum war es dir wichtig?
- Was macht Sie frustriert oder unerfüllt? Oft kommt es zu Frustration, wenn unsere Werte nicht respektiert werden.
- Wen bewundern Sie und warum? Die Eigenschaften, die Sie bei anderen respektieren, können Ihre eigenen Werte offenbaren.

Sobald Sie Ihre Grundwerte identifiziert haben, können Sie abgestimmte Ziele festlegen. Wenn Ihr Wert beispielsweise auf Wachstum liegt, können Sie sich das Ziel setzen, eine neue Fähigkeit zu erlernen oder sich für einen Kurs anzumelden. Wenn Verbindung ein zentraler Wert ist, können Sie sich zum Ziel setzen, die Beziehungen zu Freunden und Familie zu stärken.

SMART-Ziele: Werte und Handeln verbinden

Das Erstellen umsetzbarer Ziele stellt sicher, dass Sie stetige Fortschritte auf dem Weg zu dauerhaftem Glück machen. Nutzen Sie das SMART-Framework:

- **Spezifisch:** Definieren Sie klar, was Sie erreichen möchten.
- **Messbar:** Identifizieren Sie, wie Sie den Erfolg messen.
- **Erreichbar:** Stellen Sie sicher, dass Ihr Ziel realistisch ist.
- **Relevant:** Richten Sie es an Ihren Werten und Prioritäten aus.
- **Zeitgebunden:** Legen Sie eine klare Frist oder einen klaren Zeitrahmen fest.

Wenn Ihr Wert beispielsweise auf Gesundheit und Wohlbefinden liegt, könnte ein SMART-Ziel sein:
Trainieren Sie in den nächsten drei Monaten 30 Minuten lang an fünf Tagen in der Woche.

Indem Sie sich persönliche Ziele setzen, die an Ihren Werten ausgerichtet sind, bleiben Sie nicht nur motiviert, sondern entwickeln auch einen Sinn für Ziele, der für dauerhaftes Glück unerlässlich ist.

2. Bauen Sie sinnvolle Verbindungen und Routinen für Freude auf

Menschen sind soziale Wesen und sinnvolle Beziehungen sind einer der stärksten Prädiktoren für Glück. Darüber hinaus tragen freudige Routinen dazu bei, eine positive Einstellung aufrechtzuerhalten und Ihr Wohlbefinden zu verbessern.

Sinnvolle Verbindungen pflegen

Qualität vor Quantität
Sie brauchen keinen großen sozialen Kreis, um sich verbunden zu fühlen – was zählt, ist die Tiefe Ihrer Beziehungen. Um sinnvolle Verbindungen aufzubauen, muss man präsent, verletzlich und offen gegenüber anderen sein. Investieren Sie Zeit und Energie in Beziehungen, die Ihnen Mut machen und eine authentische Verbindung ermöglichen.

Üben Sie aktives Zuhören und Empathie

Sinnvolle Beziehungen gedeihen, wenn Menschen das Gefühl haben, gehört und verstanden zu werden. Beim aktiven Zuhören geht es darum, sich voll und ganz auf den Sprecher zu konzentrieren, ohne die Antwort zu unterbrechen oder zu planen. Empathie – sich in die Lage eines anderen zu versetzen – vertieft das Verständnis und stärkt die Bindung.

Pflegen Sie Beziehungen konsequent

Selbst die besten Beziehungen erfordern Pflege. Kleine, konsequente Bemühungen – wie das Versenden einer aufmerksamen Nachricht, die Planung regelmäßiger Treffen oder einfach nur das Einchecken – können Ihre Kontakte stärken. Priorisieren Sie die Menschen, die am wichtigsten sind, und schaffen Sie Raum für sinnvolle Interaktionen.

Lassen Sie toxische Beziehungen los
Während der Aufbau von Verbindungen wichtig ist, ist das Lösen toxischer oder belastender Beziehungen für emotionale Freiheit und Glück gleichermaßen wichtig. Beziehungen, die von Manipulation, Negativität oder Respektlosigkeit geprägt sind, werden Sie belasten. Es ist in Ordnung, Grenzen zu setzen oder sich von Menschen zu distanzieren, die nicht mit Ihren Werten übereinstimmen.

Fröhliche Routinen schaffen

Die Kraft von Ritualen und Gewohnheiten

Routinen bringen Struktur in Ihr Leben und tragen dazu bei, Ihr Wohlbefinden aufrechtzuerhalten, insbesondere in herausfordernden Zeiten. Wenn Routinen bewusst auf freudige Aktivitäten ausgerichtet sind, fördern sie Glück und emotionale Stabilität. Beispiele hierfür sind:

- **Morgenrituale:** Beginnen Sie Ihren Tag mit Dankbarkeit, Meditation oder Tagebuchschreiben.
- **Körperliche Bewegung:** Sport setzt Endorphine frei und verbessert die Stimmung. Ob Yoga, Tanzen oder ein Spaziergang in der Natur – finden Sie Aktivitäten, die Ihnen Spaß machen.
- **Kreative Möglichkeiten:** Beschäftigen Sie sich mit Hobbys wie Malen, Schreiben oder Gartenarbeit, die Ihnen Freude bereiten.
- **Soziale Routinen:** Planen Sie regelmäßige soziale Aktivitäten ein, wie ein wöchentliches Kaffee-Date mit einem Freund oder einen Spieleabend mit der Familie.

Freude in kleinen Momenten finden

Glück entsteht nicht immer durch große Erfolge oder Ereignisse. Oft sind es die kleinen Momente – ein gutes Essen, ein Gespräch oder ein wunderschöner Sonnenuntergang – die die meiste Freude bereiten. Die Wertschätzung dieser alltäglichen Momente trägt dazu bei, das Glück im Laufe der Zeit aufrechtzuerhalten.

3. Behalten Sie die emotionale Freiheit durch achtsames Leben

Emotionale Freiheit zu erlangen ist eine Sache; Um es aufrechtzuerhalten, sind tägliche Praktiken erforderlich, die Selbstbewusstsein, Akzeptanz und bewusstes Leben fördern. Achtsames Leben ist der Schlüssel zum dauerhaften Glück, indem es Sie in der Gegenwart verankert und sich Ihres emotionalen Zustands bewusst macht.

Was ist achtsames Leben?

Achtsames Leben bedeutet, in jedem Moment völlig präsent und engagiert zu sein, ohne zu urteilen. Es geht darum, Ihre Gedanken, Gefühle und Handlungen wahrzunehmen, ohne sich darin zu verfangen. Diese Praxis hilft Ihnen, mit Klarheit und Ruhe auf die Herausforderungen des Lebens zu reagieren, anstatt impulsiv zu reagieren.

Die Vorteile von Achtsamkeit für emotionale Freiheit
- **Reduziert Stress:** Achtsamkeit hilft Ihnen, mit Stress umzugehen, indem sie Ihren Fokus wieder auf den gegenwärtigen Moment lenkt.

- **Verbessert die emotionale Regulierung:** Indem Sie Ihre Emotionen ohne Urteilsvermögen beobachten, können Sie nachdenklich und nicht reaktiv reagieren.

- **Erhöht die Dankbarkeit:** Ein achtsames Bewusstsein für die Gegenwart steigert Ihre Wertschätzung für die kleinen Segnungen des Lebens.

- **Fördert Akzeptanz:** Achtsamkeit lehrt Sie, die Dinge so zu akzeptieren, wie sie sind, und reduziert so unnötiges Leiden.

Achtsame Praktiken für das tägliche Leben
1. Meditations- und Atemübungen
Meditation hilft Ihnen, Bewusstsein und Konzentration zu entwickeln. Schon ein paar Minuten am Tag können einen Unterschied machen. Probieren Sie eine einfache Atemübung aus:
- Atmen Sie vier Sekunden lang tief ein.
- Halten Sie den Atem vier Sekunden lang an.
- Atmen Sie sechs Sekunden lang langsam aus.
- Wiederholen Sie dies mehrere Zyklen lang, um Ihren Geist zu beruhigen und sich zu zentrieren.

2. Körperscan für emotionales Bewusstsein
Der Körper hält oft emotionale Spannungen. Eine Bodyscan-Meditation hilft Ihnen, sich bewusst zu machen, wo Sie Stress oder ungelöste Emotionen in sich tragen. Legen Sie sich hin, schließen Sie die Augen und scannen Sie Ihren Körper im Geiste von Kopf bis Fuß.

Achten Sie dabei auf etwaige Spannungen, ohne zu versuchen, diese zu ändern.

3. Üben Sie Bindungslosigkeit
Nicht-Anhaftung bedeutet, das Bedürfnis, die Ergebnisse zu kontrollieren, loszulassen. Es ermöglicht Ihnen, das Leben zu erleben, ohne an Dingen, Menschen oder Erwartungen festzuhalten. Wenn Sie Bindungen lösen, reduzieren Sie Ängste und öffnen sich für neue Möglichkeiten.

4. Journaling zur Reflexion
Journaling ist ein wirksames Werkzeug zur Wahrung der emotionalen Freiheit. Nehmen Sie sich am Ende eines jeden Tages ein paar Minuten Zeit, um über Ihre Gefühle, Gedanken und Erfahrungen nachzudenken. Fragen Sie sich:
- Was hat mir heute Freude bereitet?
- Gab es irgendwelche Herausforderungen und wie habe ich reagiert?
- Was kann ich loslassen, was mir nicht mehr dient?

5. Dankbarkeitspraxis
Dankbarkeit ist eine der einfachsten und zugleich effektivsten Möglichkeiten, das Glück zu steigern. Beginnen Sie eine tägliche Dankbarkeitsübung, indem Sie drei Dinge aufschreiben, für die Sie dankbar sind.

Diese Praxis verlagert Ihren Fokus von dem, was fehlt, hin zu dem, was in Ihrem Leben reichlich vorhanden ist.

Zusammenfassung von Kapitel 5:

Den Weg zu dauerhaftem Glück zu finden, erfordert bewusste Anstrengung und die Verpflichtung, authentisch zu leben. Indem Sie sich persönliche Ziele setzen, die an Ihren Werten ausgerichtet sind, geben Sie Ihrem Leben Richtung und Sinn. Der Aufbau sinnvoller Verbindungen und freudiger Routinen sorgt dafür, dass Sie in Ihrem Alltag Glück erleben. Schließlich hilft Ihnen die Aufrechterhaltung der emotionalen Freiheit durch achtsames Leben, präsent, geerdet und belastbar zu bleiben.

Denken Sie daran, dass es bei Glück nicht um Perfektion oder das Fehlen von Herausforderungen geht. Es geht darum, ein Gefühl von Frieden, Sinn und Freude zu entwickeln, selbst inmitten der Unsicherheiten des Lebens. Wenn Sie diese Reise fortsetzen, seien Sie sich darüber im Klaren, dass jeder kleine Schritt Sie dem dauerhaften Glück, das Sie suchen, näher bringt. Bleiben Sie sich selbst treu, pflegen Sie Ihre Verbindungen und bleiben Sie achtsam – und Ihr Weg zu emotionaler Freiheit und Freude wird sich auf natürliche Weise entfalten.

Abschluss

Die Reise durch dieses Buch war eine Erkundung einer der tiefgreifendsten Wahrheiten des Lebens: Die Vergangenheit beeinflusst uns zwar, muss uns aber nicht definieren. Wir alle tragen Erinnerungen, emotionale Narben und einschränkende Überzeugungen in uns – einige stammen aus längst vergangenen Zeiten, andere aus neueren Erfahrungen. Diese vergangenen Ereignisse können uns belasten und uns daran hindern, im gegenwärtigen Moment glücklich zu sein. Der Weg zur emotionalen Freiheit beginnt jedoch mit Bewusstsein, Akzeptanz und bewusstem Handeln. Der Schlüssel zu dauerhaftem Glück liegt nicht darin, die Vergangenheit auszulöschen, sondern darin, zu lernen, sie loszulassen, in der Gegenwart zu leben und eine Zukunft aufzubauen, die Ihren Werten und Wünschen entspricht.

Diese Schlussfolgerung dient sowohl als Reflexion über die Erkenntnisse, die Sie im Laufe des Buches gesammelt haben, als auch als Leitfaden für die Fortsetzung der Reise über die Seiten hinaus. Lassen Sie uns einige der wichtigsten Lektionen über emotionale Freiheit noch einmal Revue passieren lassen und die praktischen Schritte besprechen, die Sie unternehmen können, um sicherzustellen, dass Glück zu einer Lebenseinstellung wird.

1. Die Kraft des Loslassens

Eines der zentralen Themen dieses Buches ist die Bedeutung des Loslassens. Loslassen ist kein passiver Akt des Vergessens oder Verwerfens der Vergangenheit, sondern ein bewusster Prozess, bei dem die emotionale Bindung gelöst wird. Viele Menschen tragen ihre Vergangenheit in Form von Bedauern, Groll, Schuldgefühlen oder unverheilter Trauer mit sich herum. Diese Emotionen können unsere Wahrnehmung trüben, unsere Entscheidungen beeinflussen und unsere Fähigkeit, Freude zu empfinden, beeinträchtigen.

Loslassen bedeutet:
- **Das Bedürfnis nach Kontrolle loslassen:** Sie können die Vergangenheit nicht ändern oder das Verhalten anderer kontrollieren, aber Sie können entscheiden, wie Sie in Zukunft reagieren.
- **Akzeptieren, was nicht geändert werden kann:** Akzeptanz bedeutet nicht Zustimmung. Es bedeutet, Frieden mit dem Geschehen zu schließen und nicht länger zuzulassen, dass es einen definiert.
- **Sich von Ressentiments befreien:** Das Festhalten an der Wut gegenüber anderen (oder sich selbst) führt nur dazu, dass das Leiden andauert. Bei Vergebung geht es nicht darum,

Verhalten zu entschuldigen – es geht darum, sich von der Last der Bitterkeit zu befreien.

Wenn Sie loslassen, schaffen Sie emotionalen Raum für neue Möglichkeiten. Die Energie, die einst an ungelöste Emotionen gebunden war, wird für positive Ziele verfügbar – tiefe Beziehungen, persönliches Wachstum und Freude.

2. Kultivierung des Bewusstseins für den gegenwärtigen Moment

Wahres Glück kann nur in der Gegenwart gefunden werden. Wenn der Geist mit Bedauern über die Vergangenheit oder Sorgen über die Zukunft beschäftigt ist, wird es schwierig, das Leben vollständig zu erleben. Die Kultivierung des Bewusstseins für den gegenwärtigen Moment – oft auch als Achtsamkeit bezeichnet – ist eine wirkungsvolle Möglichkeit, sich im Hier und Jetzt zu verankern.

Praktische Möglichkeiten, Achtsamkeit zu kultivieren:

- **Tägliche Achtsamkeitsübungen:** Verbringen Sie jeden Tag ein paar Minuten damit, sich auf Ihren Atem, Ihre Körperempfindungen oder Ihre Umgebung zu konzentrieren. Dies hilft dabei, Ihren Geist zu trainieren, in der Gegenwart zu bleiben.
- **Das Urteil loslassen:** Bei Achtsamkeit geht es darum, Ihre Gedanken und Gefühle zu beobachten, ohne sie als gut oder schlecht einzustufen. Diese Praxis hilft Ihnen, Ihre inneren Erfahrungen besser zu akzeptieren.
- **Teilnahme an Flow-Aktivitäten:** Flow entsteht, wenn Sie völlig in eine Aktivität vertieft sind, die Ihnen Spaß macht, sei es Malen, Kochen oder

Sport. Diese Momente bieten Einblicke in pure Präsenz.

Wenn Sie in der Gegenwart leben, können Sie die kleinen Freuden des Lebens genießen – ein Gespräch mit einem Freund, die Wärme des Sonnenlichts auf Ihrer Haut oder die Zufriedenheit über eine gut erledigte Arbeit. Indem Sie sich auf das Jetzt konzentrieren, reduzieren Sie den Einfluss vergangener Wunden und Zukunftsängste und schaffen so Raum für Glück.

3. Begrenzende Überzeugungen umschreiben

Ein weiterer entscheidender Schritt in Richtung emotionaler Freiheit und dauerhaftem Glück besteht darin, die einschränkenden Überzeugungen zu erkennen und zu ersetzen, die Sie zurückgehalten haben. Diese Überzeugungen, die oft in schwierigen Momenten entstehen, prägen die Art und Weise, wie Sie sich selbst, andere und die Welt sehen. Sie können dazu führen, dass Sie das Gefühl haben, in Mustern der Angst, des Zweifels und der Unzulänglichkeit festzustecken.

Schritte zum Umschreiben einschränkender Überzeugungen:
- **Bewusstsein:** Identifizieren Sie die Überzeugungen, die Ihnen nicht mehr dienen. Ich

bin zum Beispiel nicht gut genug, sonst werde ich nie wieder glücklich sein.
- **Den Glauben in Frage stellen:** Fragen Sie sich: Ist dieser Glaube absolut wahr? Welche Beweise habe ich, die dem widersprechen?
- **Ersetzen durch stärkende Überzeugungen:** Wählen Sie Überzeugungen, die mit der Person übereinstimmen, die Sie werden möchten. Ersetzen Sie zum Beispiel: „Ich bin nicht gut genug, aber ich bin wachstums- und lernfähig."
- **Verstärkung durch Handeln:** Ergreifen Sie kleine Maßnahmen, die Ihre neuen Überzeugungen widerspiegeln. Wenn Sie glauben, dass Sie dazu in der Lage sind, fordern Sie sich heraus, Ihre Komfortzone zu verlassen.

Einschränkende Überzeugungen umzuschreiben erfordert Geduld und Übung, aber mit der Zeit werden Ihre neuen Gedanken neue emotionale Muster und Verhaltensweisen formen und Sie dem Glück und der Selbstakzeptanz näher bringen.

4. Ungelöste Emotionen heilen

Emotionale Freiheit erfordert die Konfrontation mit den Emotionen, die ungelöst bleiben – Trauer, Wut, Scham oder Schuldgefühle. Unterdrückte Emotionen können sich in Angstzuständen, Depressionen oder sogar körperlichen Erkrankungen äußern. Daher ist der Umgang mit ihnen sowohl für das geistige als auch für das körperliche Wohlbefinden von entscheidender Bedeutung. Heilung ist kein linearer Prozess, sondern eine Reise mit Höhen und Tiefen.

Schritte zur emotionalen Heilung:
Erkennen Sie Ihre Gefühle an: Der erste Schritt besteht darin, die Emotionen, die Sie in sich tragen, zu erkennen und zu benennen. Es ist in Ordnung, sich verletzt, wütend oder traurig zu fühlen – Ihre Gefühle sind berechtigt.

- **Drücken Sie Ihre Gefühle aus:** Tagebuch schreiben, mit einem vertrauenswürdigen Freund sprechen oder eine Therapie in Anspruch nehmen kann ein Ventil für deine Gefühle sein.
- **Übe Selbstmitgefühl:** Seien Sie freundlich zu sich selbst, während Sie heilen. Verstehen Sie, dass Heilung Zeit braucht und dass es normal ist, Rückschläge zu erleiden.
- **Lösen Sie die Notwendigkeit einer Schließung:** In manchen Fällen erhalten Sie möglicherweise nie die erhoffte Entschuldigung oder Lösung. Heilung bedeutet zu lernen, Frieden ohne äußere Bestätigung zu finden.

Wenn Sie ungelöste Emotionen verarbeiten und loslassen, befreien Sie sich von ihrem Griff. Dies öffnet die Tür zu einer tieferen emotionalen Belastbarkeit und ermöglicht es Ihnen, die Herausforderungen des Lebens leichter zu meistern.

5. Sinnvolle Verbindungen aufbauen

Dauerhaftes Glück lässt sich nicht isoliert erreichen. Der Mensch ist auf Bindung ausgerichtet und sinnvolle Beziehungen spielen eine entscheidende Rolle für das emotionale Wohlbefinden. Emotionaler Ballast und vergangene Verletzungen können uns jedoch manchmal daran hindern, gesunde Beziehungen aufzubauen oder aufrechtzuerhalten. Wenn Sie die Vergangenheit loslassen, wird es einfacher, authentisch mit anderen in Kontakt zu treten und Beziehungen aufzubauen, die auf Vertrauen, Respekt und Liebe basieren.

Tipps zum Aufbau sinnvoller Verbindungen:
- **Seien Sie bei anderen präsent:** Üben Sie aktives Zuhören und nehmen Sie voll und ganz an Gesprächen teil, ohne abgelenkt zu werden.
- **Verletzlichkeit kultivieren:** Emotionale Freiheit erfordert den Mut, verletzlich zu sein, auch wenn frühere Erfahrungen Angst vor Ablehnung haben.
- **Setzen Sie gesunde Grenzen:** Grenzen stellen sicher, dass Beziehungen auf gegenseitigem Respekt aufbauen. Sie schützen Ihr emotionales

Wohlbefinden und fördern gleichzeitig tiefere Verbindungen.
- **Verzeihen Sie sich selbst und anderen:** Das Loslassen vergangener Missverständnisse stärkt Ihre Fähigkeit, authentisch mit anderen in Kontakt zu treten.

Wenn Sie sinnvolle Beziehungen pflegen, schaffen Sie ein Unterstützungssystem, das Ihr Glück steigert. Diese Verbindungen erinnern Sie daran, dass die Freuden des Lebens oft geteilt werden und dass Zusammensein Ihnen helfen kann, die Stürme des Lebens zu überstehen.

6. Leben mit Absicht und Zweck

Glück ist nicht nur die Abwesenheit von Leid – es bedeutet auch, ein Leben zu führen, das Ihren Werten und Leidenschaften entspricht. Wenn Sie die Last der Vergangenheit loslassen, gewinnen Sie Klarheit darüber, was Ihnen wirklich wichtig ist. Mit Absicht zu leben bedeutet, Entscheidungen zu treffen, die Ihre Werte widerspiegeln und Sie dem Leben, das Sie sich vorstellen, näher bringen.

Schritte, um mit Absicht und Zweck zu leben:
- **Identifizieren Sie Ihre Werte:** Was ist Ihnen am wichtigsten – Freundlichkeit, Kreativität,

Freiheit, Familie? Lassen Sie sich bei Ihren Entscheidungen von diesen Werten leiten.
- **Setzen Sie sich sinnvolle Ziele:** Ziele geben Ihnen einen Sinn für Richtung und Zweck. Teilen Sie sie in kleinere, umsetzbare Schritte auf, um motiviert zu bleiben.
- **Übe Dankbarkeit:** Dankbarkeit verlagert Ihren Fokus von dem, was fehlt, auf das, was Sie bereits haben. Diese Einstellung fördert Zufriedenheit und Glück.
- **Umfassen Sie Wachstum:** Das Leben ist eine Reise des kontinuierlichen Lernens. Betrachten Sie Herausforderungen als Wachstumschancen und nicht als Hindernisse, die es zu vermeiden gilt.

Wenn Sie mit Absicht leben, wird jeder Tag zu einer Gelegenheit, Ihre Handlungen an Ihren Werten auszurichten und Sie so einem Gefühl der Erfüllung und Freude näher zu bringen.

Letzte Worte: Ihre Reise zu dauerhaftem Glück

Wenn Sie am Ende dieses Buches angelangt sind, sollten Sie sich darüber im Klaren sein, dass die Reise zu emotionaler Freiheit und dauerhaftem Glück noch nicht abgeschlossen ist. Es wird Momente geben, in denen die Vergangenheit versucht, Sie zurückzuziehen, oder in denen einschränkende Überzeugungen wieder auftauchen. Aber jetzt verfügen Sie über die Werkzeuge, um diese Muster zu erkennen und gezielt zu reagieren.

Denken Sie daran, dass Glück kein Ziel ist – es ist ein Seinszustand, der durch tägliche Praktiken, sinnvolle Verbindungen und die Verpflichtung zum Wachstum kultiviert wird. Bei emotionaler Freiheit geht es nicht darum, ein perfektes Leben zu führen, sondern darum, das Leben mit all seinen Freuden und Herausforderungen voll und ganz anzunehmen.

Jedes Mal, wenn Sie sich entscheiden, loszulassen, in der Gegenwart zu leben, einschränkende Überzeugungen in Frage zu stellen oder sinnvolle Beziehungen zu pflegen, kommen Sie dem Glück, das Sie verdienen, einen Schritt näher. Ihre Vergangenheit hat Sie vielleicht geprägt, aber sie definiert Sie nicht. Die Zukunft ist ungeschrieben und jeder Moment ist eine Gelegenheit, ein Leben zu schaffen, das widerspiegelt, wer Sie wirklich sind.

Das Glück liegt in Ihrer Reichweite – nicht weil das Leben immer einfach ist, sondern weil Sie die Kraft haben, loszulassen, was Ihnen nicht mehr dient, und die Schönheit der Gegenwart anzunehmen. Es steht Ihnen frei, vorwärts zu gehen. Es steht dir frei, glücklich zu sein. Die Wahl liegt bei Ihnen und sie beginnt jetzt.

www.ingramcontent.com/pod-product-compliance
Lightning Source LLC
Chambersburg PA
CBHW070358230526
45471CB00006B/2631